机械制造工程训练实习报告

（机械类及近机械类）

张立红　主编

费从荣　主审

西南交通大学出版社

·成　都·

内 容 简 介

《机械制造工程训练实习报告》(机械类与近机械类)是根据《机械制造工程训练教程》内容的基本要求编写的，与《机械制造工程训练教程》配套使用。

全书共分十章，包括铸造，锻压，焊接，车削加工，铣削、刨削、磨削加工，钳工，数控加工，特种加工，铁艺制作，综合创新训练等内容。本书作为学生实习课的作业，内容包括：填空题、判断题、选择题、简答题、工艺分析题、编程题等多种类型的复习题、思考题和综合分析题。并根据各工种实习内容和时间的多少，安排每次实习报告的内容，以帮助学生复习、巩固已掌握的知识。

本书可作为高等工科院校、高等职业学校、高等专科学校等机械类及近机械类“机械制造工程训练”课程的实习报告，也可供民办高校、中等职业学校、成人高校、电视大学、函授大学等学校参考。

图书在版编目(CIP)数据

机械制造工程训练实习报告. 机械类及近机械类 / 张立红主编. —成都：西南交通大学出版社，2007.3(2021.1 重印)

ISBN 978-7-81104-518-5

Ⅰ. 机… Ⅱ. 张… Ⅲ. 机械制造工艺－实习－高等学校－教学参考资料 Ⅳ. TH16-45

中国版本图书馆 CIP 数据核字(2007)第 036499 号

机械制造工程训练实习报告

(机械类及近机械类)

张立红 主编

*

责任编辑 王 旻

西南交通大学出版社出版发行

四川省成都市金牛区二环路北一段 111 号西南交通大学创新大厦 21 楼

邮政编码：610031 发行部电话：028-87600564

http: //www.xnjdcbs.com

四川森林印务有限责任公司印刷

*

成品尺寸：185 mm × 260 mm 印张：3.5

字数：81 千字

2007 年 3 月第 1 版 2021 年 1 月第 16 次印刷

ISBN 978-7-81104-518-5

定价：14.00 元

前　言

机械制造工程训练是高等工科院校各专业的技术基础课之一，是工科学生四年中以自己动手操作为主的实践性教学环节。通过该课程的学习，使学生较完整地掌握机械制造技术的相关基础知识，并利用该门课程所提供的动手环境，在学习工艺知识的同时，增强工程实践能力，培养创新精神和创新能力。

为了帮助学生掌握所学工种的基本技能和基础知识，培养学生分析和解决简单技术问题的能力，要求学生在进行每个工种实际操作的过程中，及时完成该工种的《机械制造工程训练实习报告》。同时，要求同学们在完成“实习报告”时，要文字工整，语言通顺，制图准确。“实习报告”的成绩是工程训练总成绩的重要组成部分。

在本书的编写过程中，作者本着加强基础、重视实践、优化传统制造技术内容、增加现代制造技术内容的原则，注重引导学生在掌握知识、技能的同时，培养创新精神和创新能力。《机械制造工程训练实习报告》包括：铸造、锻压、焊接、车削加工、铣削、刨削、磨削加工、钳工、数控加工、特种加工、铁艺制作、综合创新训练等内容。本书作为学生实习课的作业，内容包括：填空题、判断题、选择题、简答题、工艺分析题、编程题等多种类型的复习题、思考题和综合分析题。并根据教材章节的顺序，按各工种实习的要求和时间的多少，安排各工种的实习报告，以帮助学生复习、巩固已学知识。

本《机械制造工程训练实习报告》主要是根据《机械制造工程训练教程》的内容，按照机械类及近机械类专业工程训练的基本要求编写的，与《机械制造工程训练教程》配套使用。各院校在使用本报告时，可根据本校实际开设工种及特点作适当删减。

参编人员有：西南交通大学崔可庆（第三章、第十章）、张熹（第六章）；西南科技大学张立红（第七章、第九章）、王勇（第八章）、郭磊（第二章）；西南石油大学李秀娟（第一章、第五章）；西华大学夏重（第四章）。编者在编写过程中主要参考了西南交通大学、西南科技大学、西南石油大学，以及西华大学的实习报告，在此对各位原作者表示衷心的感谢。

由于编者的知识水平和实践经验有限，书中难免有错误和不妥之处，恳请读者批评指正。

编　者
2007 年 1 月

工程训练学生实习守则

1. 严格遵守劳动纪律，做到不迟到、不早退、不旷课，一般不得请事假，特殊情况可由个人申请，所属学院证明，报工程训练基地批准，因病请假需医院证明。

2. 实习期间要服从指导教师的安排，未经允许不得擅自开动设备，不允许串岗、不允许打闹、不允许抽烟、不允许看与本课无关的读物。

3. 实习时要穿工作服，佩戴实习证件，不得戴围巾、手套进行操作（规定可戴手套的工种除外），女同学要戴安全帽。

4. 实习时要认真听老师讲解，仔细观看老师的示范，操作设备时要大胆、心细，认真遵守各类设备的安全操作规程，避免人身、设备事故的发生。

5. 操作设备时若发生问题，应立即停机，保护现场，并立即报告指导老师；多人共用一台机床时，只能一人操作，严禁两人同时操作，以防止事故发生。

6. 实习中应注意勤俭节约，降低原材料和低值易耗品消耗，在保证实习的前提下尽量降低实习成本。

7. 每天实习完毕，要求做到：

（1）整理和清点自己的工件、工具和量具；

（2）将设备擦拭干净，周边环境清扫干净；

（3）关好电源和窗户；经老师检查并同意后方可离岗。

8. 如不遵守上述规定，经劝告无效，工程训练基地将停止其实习。

目　　录

备注：各院校在使用报告时，可根据本校实际开设工种及特点作适当删减。

第一章　铸　　造

评阅教师：____________　成绩：____________　评阅时间：____________

一、填空题（每空 1 分，共 30 分）

1. 型砂是由________、___________和_____________组成。应具备的性能有_________、_____________、_______________、_____________、______________、_______________和___________。

2. 型砂中加入煤粉的作用是提高型砂的____________，防止铸件表面粘砂，使铸件表面光洁；加入锯末的作用是改善型砂的_________和__________，防止铸件产生裂纹和气孔。

3. 造型方法按其手段不同，可分为_____________和_____________。

4. 影响铸件形状和尺寸的工艺参数有_____________、____________、_____________、_____________、___________________和__________。

5. 铸型是由_________和________组成的。

6. 型芯的主要作用是用来获得铸件的__________，同时也可部分或全部用型芯形成铸件外形；芯骨的作用是增强型芯的_________和____________。

7. 常用的特种铸造方法有___________、__________、__________、_________等。

二、判断题（正确在括号内划"√"，错误在括号内划"×"）（每题 1 分，共 10 分）

1. 浇注系统是液体金属进入型腔中所经过的一系列通道，它与铸件的尺寸有关。（　　）

2. 一旦发现铸件有缺陷，此件必然是废品，为保证产品质量，检验时对这类铸件必须剔除。（　　）

3. 模样的尺寸应与铸件尺寸相同。 ( )

4. 常用于铸造的金属有铸铁、铸钢和有色金属，其中铸铁应用最广。 ( )

5. 铸造圆角的主要作用是避免应力集中，防止开裂。 ( )

6. 分型面可以选择在模样的任何截面处。 ( )

7. 单件小批量生产的铸件上直径小于 30 mm 的孔一般不铸出。 ( )

8. 当铸件生产批量较大时，都可用机器造型代替手工造型。 ( )

9. 用压力铸造可以生产出双金属铸件。 ( )

10. 熔模铸造无分型面，故铸件的尺寸精度较高。 ( )

三、选择题（每题 1 分，共 10 分）

1. 由于上下砂箱合型时未对准，错了位，产生的铸造缺陷是（ ）。

   a. 气孔 b. 砂眼 c. 错箱 d. 缩孔

2. 浇注温度太低，速度太慢易产生的铸造缺陷是（ ）。

   a. 裂纹 b. 夹砂 c. 缩孔 d. 浇不足

3. 适宜用铸造方法生产的工件是（ ）。

   a. 铣床的手轮 b. 螺栓 c. 多用扳手 d. 榔头

4. 挖砂造型时，挖砂的深度应该达到（ ）。

   a. 露出模样 b. 模样的最大截面 c. 模样的最大截面以上

5. 分型砂的作用是（ ）。

   a. 使上下砂型顺利分开 b. 改善透气性 c. 便于合箱

6. 在造型时，舂砂太松，则会产生（ ）。

   a. 冲砂夹渣 b. 缩孔 c. 气孔

7. 为提高合金的流动性，常采用的方法是（ ）。

   a. 适当提高浇注温度 b. 加大出气口 c. 降低出铁温度 d. 延长浇注时间

8. 制好的砂型，通常要在型腔表面涂上一层涂料，其目的是（ ）。

   a. 防止粘砂 b. 改善透气性 c. 增加退让性 d. 防止气孔

9. 舂砂时，上下砂箱的型砂紧实度应该（ ）。

   a. 均匀一致 b. 上箱比下箱紧实度要大 c. 下箱比上箱紧实度要大

10. 浇注速度视铸件的形状和壁厚尺寸而定，对于形状复杂或薄壁铸件，浇注速度可以（ ）。

    a. 快些 b. 慢些 c. 快慢结合

四、看图填空题（每题 3.5 分，共 7 分）

1. 写出下面铸件浇注系统各部分的名称并叙述各部分的作用。

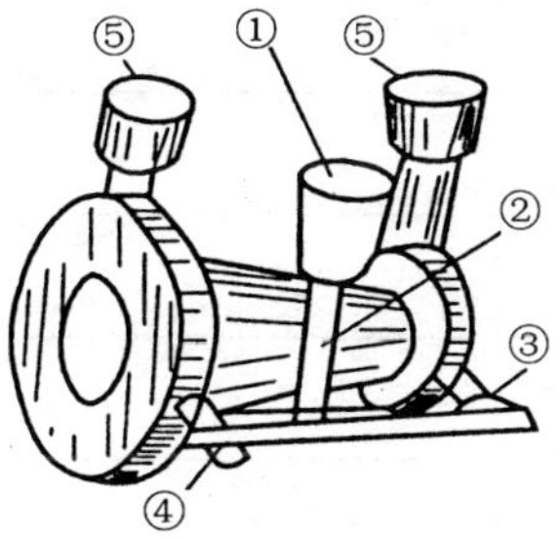

① 名称：________________ 作用：____

____

② 名称：________________ 作用：____

③ 名称：________________ 作用：____

④ 名称：________________ 作用：____

⑤ 名称：________________ 作用：____

2. 砂型铸造生产工艺流程图填空。

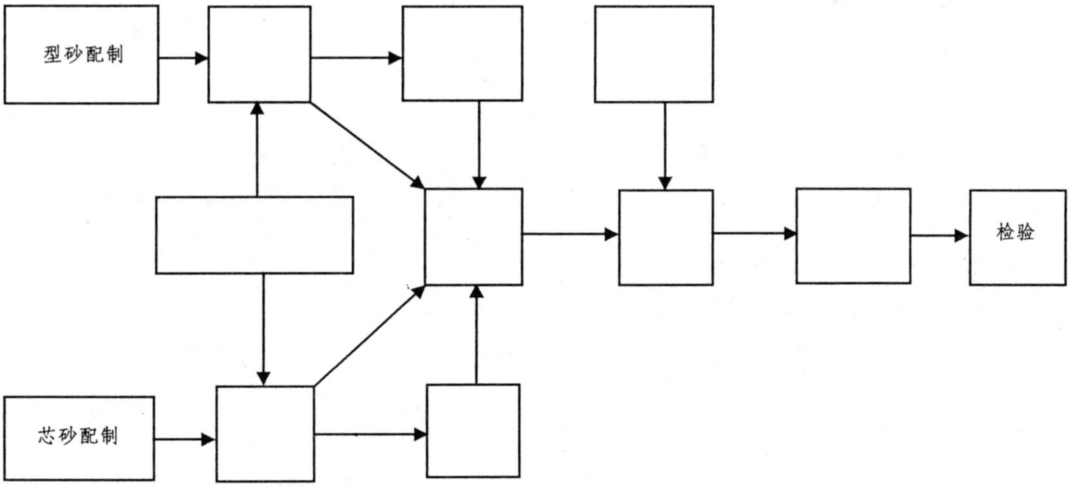

五、名词术语解释（每空 2 分，共 10 分）

1. 型砂：____

____。

砂型：____。

砂芯：____。

2. 分型面：____。

分模面：____。

六、简答题（每题 4 分，共 24 分）

1. 什么是铸造?

2. 铸造工艺的特点有哪些?

3. 确定分型面的原则有哪些?

4. 什么是冒口？冒口有哪些作用？

5. 浇注时必须注意的问题有哪些？

6. 常见的铸造缺陷有哪些？

七、综合分析（每题3分，共9分）

1. 采用砂型铸造时，根据零件形状尺寸和技术要求，说明下列零件在小批量生产条件下的造型方法并画出分型面。

(1) 套 筒

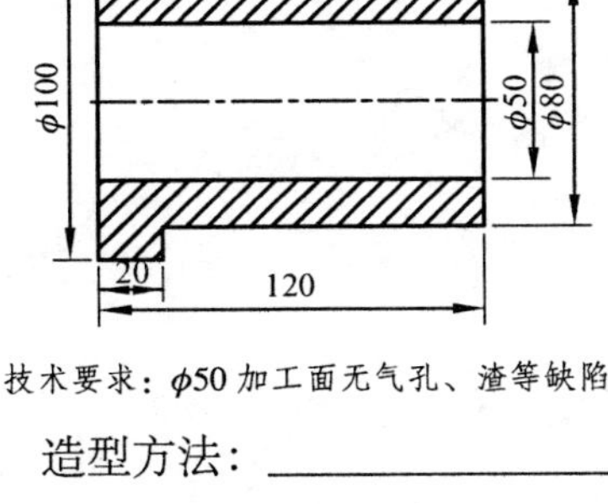

技术要求：φ50加工面无气孔、渣等缺陷。

造型方法：________________ 。

（2）卡盘体

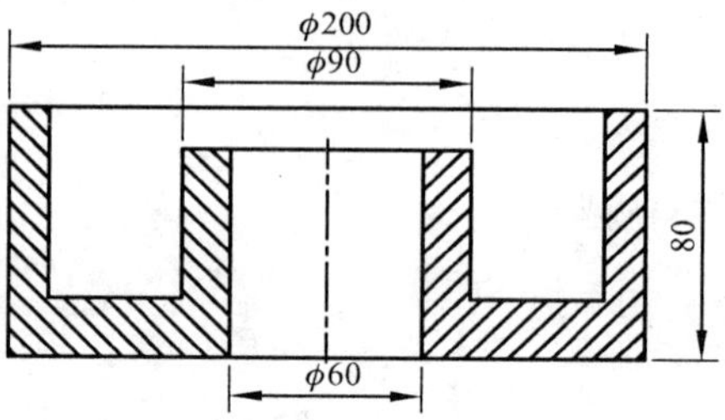

技术要求：图示底面无气孔、夹渣等缺陷。

造型方法：________________。

（3）隔　套

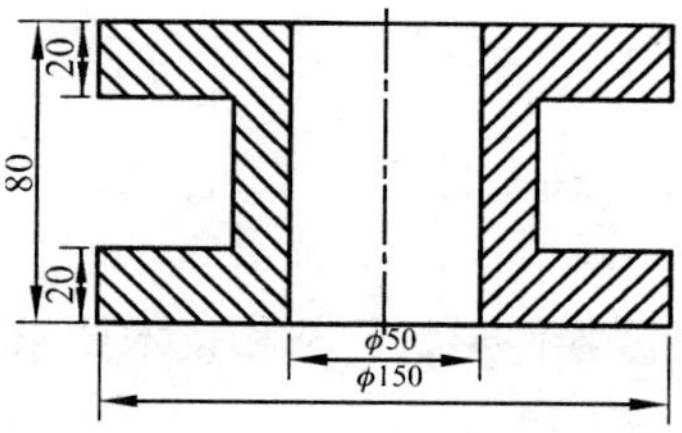

技术要求：图示底面无气孔、夹渣等缺陷。

造型方法：________________。

第二章 锻 压

评阅教师：______________ 成绩：______________ 评阅时间：______________

一、填空题（每空 1 分，共 30 分）

1. 锻造可分为________和________两大类。

2. 锻压是通过对金属坯料________，使之产生__________，从而获得具有一定形状、尺寸和内部组织的毛坯或零件的一种压力加工方法。

3. 锻造的加热设备主要有________和________。

4. 金属材料经过加热，随着温度的升高其________提高，_______降低。

5. 自由锻的基本工序有_________、_________、_________、_________、_________、__________和__________，其中常用的有__________、__________、_________。

6. 镦粗时，坯料的原始高度和直径之比应小于_________。

7. 锻件的冷却方式有______________、______________和____________。

8. 板料冲压生产的三要素包括______、________和冲压设备。

9. 在特种锻压工艺中，根据轧制目的，轧制可分成_____________、_____________、___________和____________。

10. 冲压的主要工序有__________和__________。

二、判断题（正确在括号内划“√”，错误在括号内划“×”）（每题 1 分，共 15 分）

1. 加热温度越高，越容易锻造成型，故锻件质量也越好。 （　）

2. 从始锻温度到终锻温度的温度区间称为锻造温度范围。 （　）

3. 在特种锻造工艺中，锻造设备应用计算机数控技术提高了锻压精度，缩短了加工时间，降低了能耗。（　　）

4. 非金属材料不能冲压。（　　）

5. 碳钢的可锻性随着含碳量的增加而减低。（　　）

6. 锻件锻打成型后，应立即放入水中冷却，以提高锻件强度和硬度。（　　）

7. 钢的加热速度越快，表面氧化就越严重。（　　）

8. 拔长时送进量越大，则生产效率就越高。（　　）

9. 双面冲孔时，当冲到工件厚度3/4时，应拔出冲子，翻转工件，从反面冲穿。（　　）

10. 平垫圈可以用简单模、连续模或复合模生产，区别在于生产率的不同。（　　）

11. 锻造时，应适当的增加加热次数，以利于锻工节省力气。（　　）

12. 除自由锻造外的其他锻压加工方法都具有较高的生产率。（　　）

13. 可锻铸铁是一种可以进行锻造的材料。（　　）

14. 自由锻件所需坯料的质量与锻件的质量相等。（　　）

15. 金属材料都具有一定的塑性，因此都可以锻造。（　　）

三、选择题（每题1分，共15分）

1. 在能够完成规定成型工步的前提下，坯料加热次数越多，锻件质量（　　）。

   a. 越好　b. 越差　c. 不受影响

2. 钢、铜、铝等金属材料能进行压力加工是由于（　　）。

   a. 硬度低　b. 塑性好　c. 强度差

3. 锻造时可以使用移动的模具生产锻件的是（　　）。

   a. 自由锻　b. 胎模锻　c. 自由锻和胎模锻

4. 坯料的始锻温度超过该材料所允许加热的最高温度就会产生（　　）。

   a. 过热、过烧　b. 氧化　c. 脱碳

5. 当大批量生产45#钢齿轮时，合适的毛坯制造方法是（　　）。

   a. 铸造　b. 模锻　c. 冲压

6. 下列工件中，适于自由锻的是（　　），适于板料冲压的是（　　），适于铸造的是（　　）。

   a. 减速箱体　b. 电器箱柜　c. 车床主轴

7. 板料拉深时，如拉深深度较大，应采用（　　）工艺。

   a. 一次拉深加回火　b. 多次拉深加中间退火　c. 多次拉深加调质

8. 下列材料中，可锻性最好的是（　　）。

   a. 可锻铸铁　b. 低碳钢　c. 合金钢

9. 冲孔时材料的落下部分称为（　　），落料时材料的落下部分称为（　　）

a. 成品　　b. 废料　　c. 毛边

10. 冲裁模的凸模和凹模均有（　　）。

a. 锋利的刃口　　b. 圆角过渡　　c. 负公差

11. 下列材料中可以进行锻压的材料是（　　）。

a. 铸铁　　b. 玻璃　　c. 钢

12. 锻造温度范围最宽的碳钢是（　　）。

a. 低碳钢　　b. 中碳钢　　c. 高碳钢

13. 你在工程训练中使用的锻压设备是（　　）。

a. 水压机　　b. 压力机　　c. 空气锤

14. 坯料在加热过程中出现过热缺陷后，其处理办法是（　　）。

a. 热处理　　b. 重新加热锻造　　c. 报废

15. 与铸造相比，锻造的主要特点有（　　）。

a. 生产效率高，成本低　　b. 操作简便

c. 锻件的尺寸形状受限制较多　　d. 锻件的机械性能好

四、简答题（每题 10 分，共 40 分）

1. 常见自由锻件缺陷有哪些?

2. 自由锻有哪些特点?

3. 简述冲压的基本工序有哪些?

4. 你在工程训练中体会“趁热打铁”的含义是什么?

第三章　焊　　接

评阅教师：__________　成绩：__________　评阅时间：__________

一、填空题（每空 1 分，共 40 分）

1. 通过________或__________或两者并用，并且用或不用填充材料，使焊件达到原子间结合而形成__________________的一种加工方法称为焊接。

2. 根据焊缝金属在焊接时所处的状态不同，焊接方法一般可分为__________、__________和__________三大类。

3. 手工电弧焊是利用__________所产生的__________来熔化母材和焊条的一种手工操作的焊接方法。

4. 焊接电弧由__________、__________和__________三部分组成。

5. 焊接接头形式可分为__________、__________、__________、__________四种，常见的坡口形状分为________、__________、________、__________四种。

6. 你在工程训练操作时所用的焊机型号为__________________交流弧焊机，其初级电压为__________，空载电压为________，工作电压为________，额定电流为_______，电流调节范围为________。

7. 你在工程训练中所焊钢板厚度为________mm，焊接电流为_________，焊接位置是__________，焊接接头形式是__________。

8. 焊接空间位置有__________、__________、__________和__________。

9. 改变乙炔和氧气的混合比例可以得到________________、________________和__________三种火焰。

10. 中性焰由焰心、__________和__________三部分组成。

11. 气体保护焊是用__________________作为保护气体的一种电弧焊方法。

12. 气割过程归纳起来就是____________、____________形成切口，氧—乙炔焰又将临近的金属预热，重复不断进行的过程。

二、判断题（正确在括号内划“√”，错误在括号内划“×”）（每题 1 分，共 10 分）

1. 焊接不仅可以连接同种金属，也可以连接不同金属。（　）
2. 交流弧焊机也有正接和反接之分。（　）
3. 碱性焊条只适用于直流弧焊机使用。（　）
4. 在保证焊接质量的情况下，应尽量加快焊接速度。（　）
5. 引弧后，在焊接方向上焊条与焊件呈 45°角最合适。（　）
6. 焊接时选择电流的唯一依据是接头形式。（　）
7. 可以近似地认为弧柱长度即为电弧长度。（　）
8. 焊接过程中，应千方百计采取措施防止空气对焊缝的危害。（　）
9. 坡口的主要作用是为了保证焊透。（　）
10. 电焊条外层涂料的作用是防止焊芯金属生锈。（　）

三、选择题（每题 1 分，共 10 分）

1. 熔池内温度分布的特点是（　）。

   a. 均匀　b. 不太均匀　c. 极不均匀

2. 焊条规格的表示方法是用（　）。

   a. 焊芯直径　b. 焊芯长度　c. 焊芯加药皮的直径

3. 碱性焊条需要用直流电源焊接的原因是（　）。

   a. 稳定电弧　b. 减少焊缝氧量　c. 增加焊条熔入量

4. 选择焊条直径的粗细主要取决于（　）。

   a. 焊接电流　b. 焊件厚度　c. 焊件材料

5. 正常操作时，焊接电弧长度（　）。

   a. 约等于焊条直径两倍　b. 不超过焊条直径　c. 与焊件厚度相同

6. 焊接飞溅增多，弧声增强，焊条变红的原因是（　）。

   a. 焊接电流太大　b. 焊接电压太高　c. 焊接速度太快

7. 电阻焊焊接方法属于（　）。

a. 熔化焊　　b. 压力焊　　c. 钎焊

8. 大批量生产汽车油箱、小型容器应采用（　　）。

a. 点焊　　b. 缝焊　　c. 对焊

9. 焊件变形的原因是（　　）。

a. 焊接时焊件上温度分布不均匀而产生的应力所致

b. 焊接速度过快而造成　　c. 焊接电流过大而造成

10. 立焊常采用的焊接方向是（　　）。

a. 由中间向上下两头　b. 由上而下　　c. 由下而上

四、简答题（每题 6 分，共 30 分）

1. 说明电焊条的组成部分及其作用？

2. 常见的坡口形状有哪几种？

3. 手弧焊焊接薄板有何困难？如何解决？

4. 交流弧焊机和直流弧焊机各有何特点?

5. 试分析常见的焊接缺陷及产生原因?

五、分析题（10 分）

按图示分析工字钢梁焊接时，在焊件不准翻动的情况下，①～⑤焊缝分别属于何种接头和何种空间位置?

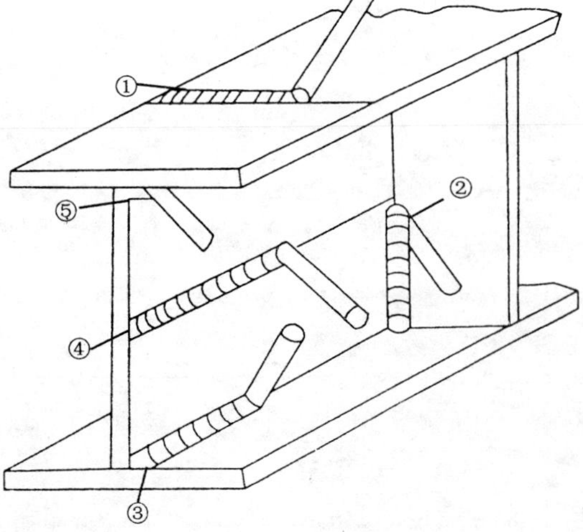

①是________接头，________焊缝。

②是________接头，________焊缝。

③是________接头，________焊缝。

④是________接头，________焊缝。

⑤是________接头，________焊缝。

第四章 车削加工

评阅教师：______________ 成绩：______________ 评阅时间：______________

一、填空题（每空 0.5 分，共 14 分）

1. 车床型号为 C6132 卧式车床，其中________是车削类机床的代号；__________代表普通车床；32 表示________________________________。

2. 车削时的切削用量是指______________、______________和_____________三者的总称，其单位分别为__________、____________和___________。

3. 刀具切削部分的材料要求具有_________________、_______________________、高耐热性、良好的工艺性和良好的经济性等基本性能。

4. 车削加工是在机床上利用工件的__________和刀具的________来改变工件的形状和尺寸，将其加工成所需零件的一种切削加工方法。

5. 三爪卡盘用于夹持__________________截面的工件，其对中的准确度约为___________________ mm。四爪卡盘用于装卡________________________工件等；而适合用顶尖安装的工件是__________。

6. 通过光杠或丝杠，将进给箱的运动传给___________箱，自动进给时用_______杠，车削螺纹时用_______杠。

7. 在车床上钻孔时，_______________为主运动，_______________为进给运动。

8. 你在工程训练中使用的车床，其主轴最低转速为__________，最高转为 __________，共有____________种正转速。

9. 在车床上安装工件所用的附件主要有 ____________、____________、____________、中心架、跟刀架、花盘、心轴等。

二、判断题（正确在括号内划“√”，错误在括号内划“×”）（每题 1 分，共 18 分）

1. 高速钢的红硬性比硬质合金钢好，故可以选择较高的切削速度。（　）
2. 车端面时，车刀安装在方刀架上，刀尖应与工件的回转中心等高。（　）
3. 车端面时，其切削速度是不断变化的。（　）
4. 切断时，工件应装夹在两顶尖上进行。（　）
5. 车削时，主轴转速提高后使刀架移动速度加快，则进给量增大。（　）
6. 车端面时、车刀从工件的圆周表面向中心走刀、容易产生凹面。（　）
7. 车削铸铁零件，应选用 YT 类硬质合金车刀。（　）
8. 车床加工精度较高的轴类零件时，应选用活顶尖装卡。（　）
9. 在车床上切断工件时，工件的切断位置离卡盘远些。（　）
10. 车削加工中，加工不同工件表面需要采用不同种类的车刀。（　）
11. 方刀架用来安装车刀，最多可以同时安装 4 把车刀。（　）
12. 操作机床时，一定要开车变速，停车对刀。（　）
13. 大批量生产中常用转动小拖板法车圆锥面。（　）
14. 在普通车床上钻孔，通常把钻头安装在尾座上，钻削时除了手动进给外，也可以自动进给。（　）
15. 用成型刀可以加工所有的成型表面。（　）
16. 在车床上用丝杠带动溜板箱实现机动进给车外圆，可提高生产率。（　）
17. 用三爪卡盘多次装夹同一工件时，卡盘的对中精度将直接影响工件上被加工表面的位置精度。（　）
18. 车削螺纹时，如车床纵向丝杠与所需车削螺距为整倍数，则一般情况下都不会出现“乱扣”现象。（　）

三、选择题（每题 1 分，共 18 分）

1. 车刀前角的主要作用是（　　）。

   a. 使刀刃锋利　　b. 改善刀具散热状况　　c. 控制切屑的流向

2. 夹持力最强的是（　　），保证台阶轴同轴度的装夹方法是（　　）。

   a. 三爪卡盘　　b. 四爪卡盘　　c. 双顶尖加鸡心夹头

3. 在车床上，用转动小拖板法车圆锥时，小拖板转过的角度为（　　）。

a. 工件锥度　　b. 工件锥度的一倍　　c. 工件锥度的一半

4. 车端面时，车刀从工件圆周表面向中心走刀，其切削速度是（　　）。

a. 不变的　　b. 逐渐增加　　c. 逐渐减少

5. 采用中心架与跟刀架做辅助支承，主要用于（　　）的车削。

a. 复杂零件　　b. 细长轴　　c. 长锥体　　d. 螺纹件

6. 车外圆时，车刀刀尖高于工件轴线则会产生（　　）。

a. 加工面母线不直　　b. 圆度产生误差　　c. 加工面表面粗糙度值大

7. 当工艺系统刚性较差（如车削细长轴）时，应选用（　　）。

a. 尖头车刀　　b. 45°弯头车刀　　c. 偏刀　　d. 圆弧车刀

8. 下列刀具中常用高速钢来制造的刀具有（　　）。

a. 成型车刀　　b. 铰刀　　c. 镶齿端铣刀　　d. 插齿刀

9. 最适宜在普通车床上车削的孔有（　　）。

a. 通孔　　b. 盲孔　　c. 锥孔　　d. 台阶孔

10. 车螺纹是加工螺纹的常用方法之一，该方法多用于（　　）。

a. 单件及小批量生产　　b. 成批生产　　c. 大批量生产　　d. 任何批量

11. 车床变速箱内主轴变速由（　　）啮合传动来实现的。

a. 齿轮　　b. 链轮　　c. 皮带轮　　d. 凸轮

12. 车床能够自动定心的夹具是（　　）。

a. 四爪卡盘　　b. 三爪卡盘　　c. 花盘

13. 安装车刀时，车刀下面的垫片应尽可能用（　　）。

a. 多的薄垫片　　b. 少量的厚垫片　　c. 一块垫片

14. 对正方形棒料进行切削加工时，最可靠的装夹方法是（　　）。

a. 三爪卡盘　　b. 花盘　　c. 两顶尖　　d. 四爪卡盘

15. 车刀上切屑流过的表面称为（　　）。

a. 切削平面　　b. 前刀面　　c. 主后刀面　　d. 副后刀面

16. 普通车床上加工的零件一般能达到的尺寸公差精度等级为（　　）。

a. IT5～IT3　　b. IT7～IT6　　c. IT11～IT6

17. 在普通卧式车床上加工锥面长而锥度小的工件时，要用（　　）。

a. 搬小刀架法　　b. 宽刀法　　c. 移尾座法

18. 最后确定有公差要求的台阶长度时，应使用的量具是（　　）。

a. 千分尺　　b. 钢尺　　c. 游标卡尺

四、根据图示填写车床各部分的名称，并说明其作用（每题 2 分，共 20 分）

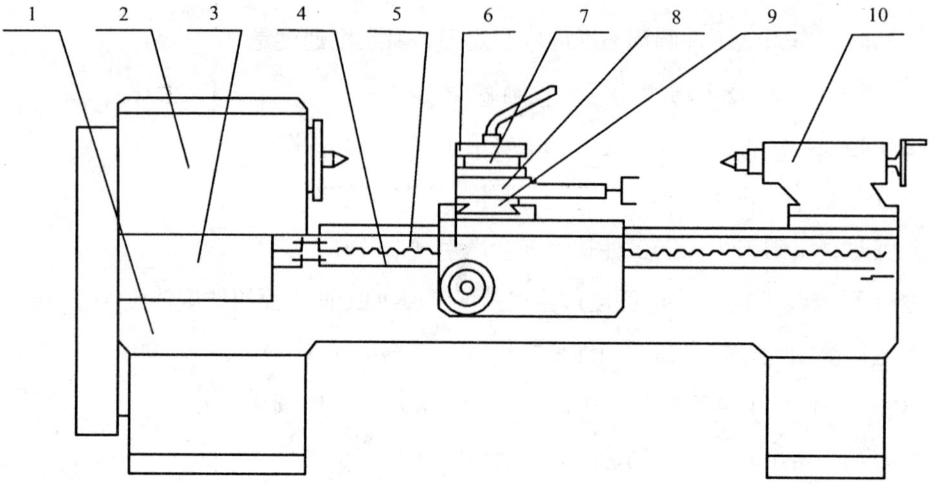

1. ______________________________

2. ______________________________

3. ______________________________

4. ______________________________

5. ______________________________

6. ______________________________

7. ______________________________

8. ______________________________

9. ______________________________

10. ______________________________

五、在图中画出车削下列表面所用的刀具，并用箭头标出切削运动（每题 1 分，共 6 分）

1. 车外槽

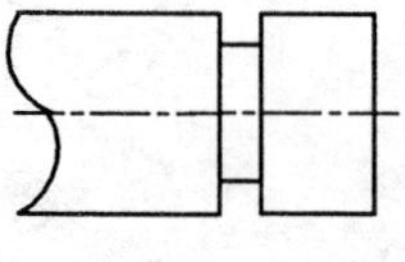

2. 车成型面

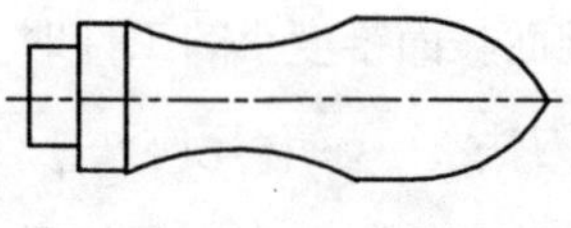

3. 镗不通孔

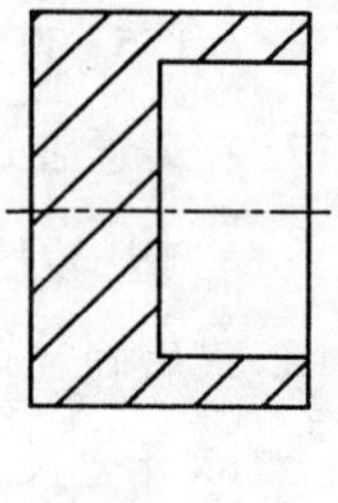

4. 车锥面

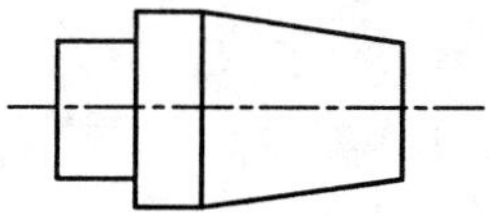

5. 滚花

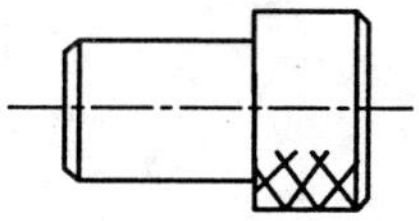

6. 镗槽

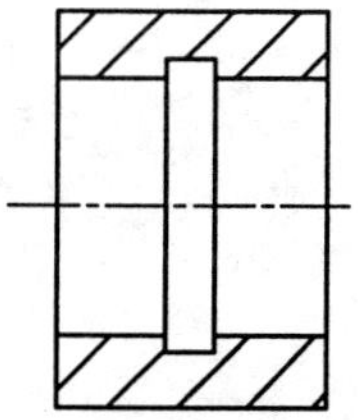

六、简答题（每题 4 分，共 24 分）

1. 在卧式车床上车削毛坯为 ϕ40 mm 的外圆，现在要求一次走刀切削到 ϕ36 mm，选择切削速度 v=120 m/min，试求切削深度及主轴转速 n 为多少？

2. 车削时，用中拖板进刀，按刻度盘多转了三格，能否直接退回三格进行车削？为什么？如何处置？

3. 在卧式车床上，车削锥度有哪几种方法？各适合加工什么类型的锥面？

4. 卧式车床加工螺纹时，主轴转速的快慢是否影响加工螺距的大小？为什么？

5. 中托板手柄刻度盘每转一格车刀横向移动 0.05 mm，试求把 $\phi75$ mm 的工件一次进刀车至 $\phi74^{+0.1}_{-0.2}$ 刻度盘应转过的最小和最大格数，实作一次进刀刻度盘应转过较合理的格数为多少？

6. 画出一个你在车床上实训所车削零件的零件简图，写出零件材料，制订出加工顺序填下表。

序号	加工内容	安装方法	刀具	量具

第五章　铣削、刨削、磨削加工

评阅教师：______________　成绩：______________　评阅时间：______________

一、填空题（每空 0.5 分，共 27 分）

1. X6132 型号机床，其中 X 表示________________，6 表示______________________，1 表示______________________，32表示________________________。

2. 铣削主要用于加工的表面有__________、__________、__________和__________。

3. 常用铣床有_______________和________________两种。它们在结构上的主要区别是__________的主轴是水平的，___________的主轴是垂直于工作台面。

4. 铣削时的主运动是_______________________，进给运动是______________________、_____________________、_____________________。

5. 铣削加工的尺寸精度一般为__________，表面粗糙度R_a值一般为_________。

6. 铣床上常用的工件装夹方法有____________、___________、___________和_________。

7. 铣刀是一种________刀具，根据安装方法的不同可分为___________和____________，其中___________铣刀多用于卧式铣床，___________铣刀多用于立式铣刀。

8. 牛头刨床的主运动是______________________________________，横向进给运动是______________________，垂直进给运动是_______________________。

9. 刨削主要用来加工_________，还可以加工__________、__________、_________等。

10. 刨削时，工作行程的速度为__________，反回行程的速度为____________，目的是________________。

11. 磨削加工的尺寸精度为______________，表面粗糙度为______________。

12. 磨削加工范围有_________、_________、_________、_________，以及刃磨_________。

13. 砂粒具有很高的_______，粗砂粒的砂轮用于________，细砂粒的砂轮用于_______。

14. 砂轮是由_________、__________和_________构成的。

15. 砂轮常用的磨粒有____________和____________两大类。通常磨削钢料及一般刀具用____________类磨粒，磨削铸铁件、硬质合金等用____________类磨粒。

二、判断题（正确在括号内划“√”，错误在括号内划“×”）（每题1分，共25分）

1. 在立式铣床上不能加工键槽。 （ ）
2. 结构形状不同的铣刀，其安装方法有时也会相同。 （ ）
3. 卧式铣床主轴的轴心线与工作台面垂直。 （ ）
4. 铣刀是多齿刀具，每个刀齿都在连续切削，所以铣削生产效率比刨削高。 （ ）
5. 分度盘正反两面都有许多孔数不相同的孔圈。 （ ）
6. 铣削齿轮多用于加工精度不高的单件或小批量生产。 （ ）
7. 铣削可以代替刨削加工平面、沟槽和成型面。 （ ）
8. 分度盘上的分度手柄转动一周，其主轴即转1/40周。 （ ）
9. 铣床可以同时使用的纵向和横向自动进给对零件进行斜线铣削。 （ ）
10. 端铣刀在立式铣床或卧式铣床上均能使用。 （ ）
11. 铣床只可以加工“V”形和“T”形两种沟槽。 （ ）
12. 刨削是连续切削，其主运动的速度是不变的。 （ ）
13. 牛头刨床刨削时，主运动为直线运动，故其只能加工平面，不能加工曲面。 （ ）
14. 牛头刨床工作行程的速度和返回行程的速度不相等，所以工作行程和返回行程的长度也不相等。 （ ）
15. B6065表示牛刨床的最大刨削长度为65 mm。 （ ）
16. 刨床刀架可以左右偏转，目的是为了加工斜面。 （ ）
17. 刨削长方形工件时，沿长边切削与沿短边切削所需的时间相同。 （ ）
18. 加工窄长平面（如车床的导轨面）时，刨削比铣削的效率高。 （ ）
19. 插床的结构和传动原理与牛头刨床基本相同，不同的是主运动的方向是铅垂的（又称为立式刨床）。 （ ）
20. 刨削回程时，将刨刀向上抬起，以防止把工件的已加工表面擦伤。 （ ）

21. 磨削和铣削实际上是一种多刃刀具的超高速切削。 ( )

22. 加工淬火工件最主要的方法是磨削。 ( )

23. 纵向磨削法可以用同一砂轮加工长度不同的工件，用于单件、小批量生产。 ( )

24. 在转速不变的情况下，砂轮直径越大，其切削速度越高。 ( )

25. 磨具粒度的选择主要取决于工件的精度、表面粗糙度和生产率等。 ( )

三、选择题（每题 1 分，共 10 分）

1. 铣削的主运动为（ ）。

a. 工作台的纵向移动　b. 工作台的横向移动

c. 铣刀的旋转运动　d. 工作台的上下移动

2. 下列哪一项不是铣床的附件（ ）。

a. 回转工作台　b. 万能铣头　c. 顶尖

3. 下列哪一项不表示铣削进给量（ ）。

a. 铣刀每转一转，工件移动的距离　b. 每分钟工件相对于铣刀移动的距离

c. 铣刀每转一个刀齿，工件移动的距离　d. 铣刀最大直径处的线速度

4. 铣刀将靠近工件待加工表面时，宜使用（ ）。

a. 自动进刀　b. 手动进刀　c. 快速进刀

5. 在工件上铣 T 形槽时，应如何进行（ ）。

a. 用 T 形铣刀直接加工　b. 先用立铣刀铣出直槽，再铣 T 形槽

c. 毛坯上必须先铸出 T 形槽

6. 刨削时，刨刀完成切削的运动方向是（ ）。

a. 前后往复运动　b. 向后运动　c. 向前运动

7. 刨削加工中刀具容易损坏的原因是（ ）。

a. 排屑困难　b. 切削温度高　c. 每次工作行程开始，刨刀都受到冲击

8. 改变牛头刨床偏心滑块的偏心距大小，就能改变滑枕的行程长度，偏心距越大，则行程（ ）。

a. 越长　b. 越短　c. 不变

9. 刨削时，如遇工件松动应（ ）。

a. 立即停车　b. 快速紧固工件　c. 退刀

10. 刨削加工在机械加工中仍占一定地位的原因是（ ）。

a. 生产率低，但加工精度高　b. 加工精度较低，但生产率较高

c. 工装设备简单，宜于单件生产，修配工作　d. 加工范围广泛

四、看图填空题（每空 1.5 分，共 18 分）

1. 填出如图所示各种铣刀的名称及作用。

a. 刀具：________。
作用：________。

b. 刀具：________。
作用：________。

c. 刀具：________。
作用：________。

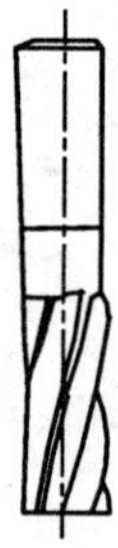

d. 刀具：________。
作用：________。

e. 刀具：________。
作用：________。

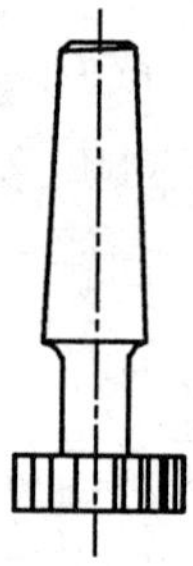

f. 刀具：________。
作用：________。

五、简答题（每题 5 分，共 20 分）

1. 简单分度的公式是什么？拟铣一个齿数 $z=30$ 的直齿圆柱齿轮，试用简单分度法计算，每铣一齿分度头手柄应转过多少圈？（分度盘的各圈孔数为 37、38、39、41、43）

2. 刨削加工的特点是什么？和铣削比较有什么相同点和不同点?

3. 砂轮工作一段时间以后，为什么要进行修整？用什么来修整?

4. 试从刀具、切削用量、加工精度和表面粗糙度等方面，比较磨平面和铣平面有何不同?

第六章　钳　　工

评阅教师：____________ 成绩：____________ 评阅时间：____________

一、填空题（每空 1 分，共 40 分）

1. 钳工的基本操作包括__________、__________、__________、__________、__________、__________、攻螺纹、套螺纹等。

2. 划线可分为________和________两种方式。常见的划线基准有__________、__________和______________。

3. 锯条按齿距大小可分________、________和________三种，锯软金属或厚工件时，通常采用________锯条，锯硬金属或板材及薄管时通常采用________锯条。

4. 为了减小锯口两侧与锯条间的摩擦，锯齿排列多为________形。

5. 普通锉刀根据其截面形状不同可分__________、__________、__________、________、圆锉等。

6. 平面锉削方法常用的有________、________和________三种，________用于粗加工表面，________用于最后锉平或锉光。

7. 用丝锥加工出的内螺纹的方法叫________，用板牙在圆柱上加工出外螺纹的方法叫__________。

8. 常用的装配工艺方法有__________、__________、__________和________。

9. 钻床有________钻床、________钻床、________钻床。

10. 麻花钻由__________、___________和____________组成。

11. 钻孔时经常将钻头退出，其目的是________和________。

二、判断题（正确在括号内划“√”，错误在括号内划“×”）（每题 1 分，共 10 分）

1. 锉削时，根据加工余量的大小，选择锉刀的长度。（ ）
2. 立体划线必须在划线平台上进行。（ ）
3. 锉削后工件表面的粗糙度主要取决于锉刀的粗细。（ ）
4. 不可用细齿锉刀作粗齿锉使用和锉软金属。（ ）
5. 麻花钻的刀体包括切削部分和导向部。（ ）
6. 丝锥攻丝时始终需要加压旋转，方能加工出完整的内螺纹。（ ）
7. 用丝锥也可以加工出外螺纹。（ ）
8. 用手锯锯割时，一般往复长度不应少于锯条长度的 2/3。（ ）
9. 台式钻床，适合加工零件上的小孔。（ ）
10. 当孔快要钻通时，必须减小进给量，目的是不使最后一段孔壁粗糙。（ ）

三、选择题（每题 1 分，共 10 分）

1. 划线时用来确定零件各部位的尺寸，几何形状及相互位置的依据称为（ ）。

   a. 设计基准　b. 划线基准　c. 定位基准

2. 用锯割方法下料时，锯割线应尽量靠近虎钳的（ ）。

   a. 左边　b. 中间　c. 右边

3. 手工起锯的适宜角度为（ ）。

   a. 0°　b. 约 15°　c. 约 30°

4. 锉削铜、铝等软金属时，应选用（ ）。

   a. 粗齿锉刀　b. 中齿锉刀　c. 细齿锉刀

5. 安装手锯锯条时（ ）。

   a. 锯齿应向前　b. 锯齿应向后

6. 锉削余量较大的平面时，应采用（ ）。

   a. 顺向锉　b. 交叉锉　c. 推锉

7. 攻丝时每正转 0.5～1 圈后，应反转 1/4~1/2 圈，是为了（ ）。

   a. 减小摩擦　b. 便于切削碎断和排屑　c. 提高螺纹精度　d. 降低丝锥温度

8. 钻孔时，钻出的孔径偏大，其主要原因是指钻头的（ ）。

a. 后角太大　　b. 两条主切削刃长度不等　　c. 横刃太长

9. 钻 ϕ30 mm 大孔的较好钻孔方法是（　　）。

a. 选用大钻头一次钻出　　b. 先钻小孔后用大钻头扩到所需直径

10. 手用丝锥中，头锥和二锥的主要区别是（　　）。

a. 头锥的锥角较大　　b. 二锥的切削部分较长

c. 头锥的不完整齿较多　　d. 头锥比二锥容易折断

四、简答题（每题 6 分，共 24 分）

1. 划线的作用是什么?

2. 锯齿崩落和锯条折断的原因是什么?

3. 锉削时怎样检验锉削平面的平直度和垂直度?

4. 装配方法有哪几种? 装配时有哪些工作要点及要求?

五、工艺分析（16 分）

按照你在钳工基本训练中所加工的工件，绘出零件图，写出零件材料种类，制订出加工工艺步骤填下表。

序　号	加工内容	装　卡	工　具	量　具

第七章　数控加工

评阅教师：____________ 成绩：____________ 评阅时间：____________

一、填空题（每空 1 分，共 20 分）

1. 数控机床是装备了____________________的机床。主要由____________、____________、辅助装置和机床本体等组成。

2. 数控机床的种类很多，按运动轨迹可分为____________、____________和____________；按伺服系统可分为____________、____________和____________。

3. 数控编程的方法主要有________和________两种。对几何形状简单的零件主要采用________，对形状复杂的零件主要采用________。

4. 一个完整的程序由程序________、程序________和程序________三部分组成。

5. G00 表示____________、G01 表示____________、G02 表示____________、G03 表示____________。

二、判断题（正确在括号内划“√”，错误在括号内划“×”）（每题 1 分，共 10 分）

1. 数控机床是在普通机床的基础上发展起来的。（　　）
2. 机床坐标系是以机床上固定的机床原点建立的坐标系。（　　）
3. 在数控机床上，一个程序只可加工一个零件。（　　）
4. 数控机床价格贵，要求工人技术水平高，因此不宜大面积推广。（　　）

5. 数控机床主要由机床主体、操作面板和伺服系统组成。　（　）

6. 数控机床开机后，首先要做的就是让数控系统复位，进行回零操作。　（　）

7. G00 和 G01 的运行轨迹都一样，只是速度不一样。　（　）

8. 圆弧插补指令 G02（G03）中的 *R* 表示圆弧半径。　（　）

9. 数控机床只能采用手工编程。　（　）

10. G92 是数控车削的螺纹切削循环指令。　（　）

三、选择题（每题 1 分，共 10 分）

1. 在编程中，为使程序简洁，减少出错率，提高编程工作的效率，总希望以（　）的程序段实现对零件的加工。

a. 最少　b. 较少　c. 较多　d. 最多

2. 通过（　）操作，可以检验程序编制的正误，并且避免发生机床加工时的碰撞现象。

a. 程序段选择执行　b. 空运行校验　c. 返回参考点　d. 手工输入程序

3. 辅助功能 M02 代码表示（　）。

a. 程序结束　b. 切削液开　c. 主轴停止　d. 主轴正转

4. 在数控机床上，不能自动完成的功能为（　）。

a. 机床的启动、停止　b. 纵、横向进给

c. 刀架的转位、换刀　d. 工件装夹、拆卸

5. 刀具远离工件的运动方向为坐标（　）方向。

a. 右　b. 左　c. 正　d. 负

6. 在数控程序中 S 代码表示（　）。

a. 机床动作类　b. 机床辅助动作和状态　c. 主轴的转速　d. 刀具编号

7. 在数控程序中 F 代码表示（　）。

a. 机床动作类　b. 机床辅助动作和状态　c. 刀具的进给速度　d. 刀具编号

8. N120 G01 X20 Z-95，X、Z 表示是（　）。

a. 程序的起始点值　b. 加工终点值　c. 粗糙度值　d. 进给起始点值

9. 数控机床按机床的运动轨迹来分类时，只要求获得准确的加工坐标点的位置，而对运动过程轨迹不需加以控制的是属于（　）。

a. 点位控制　b. 直线控制　c. 连续（轮廓）控制

10. 数控机床有不同的运动形式，需要考虑工件与刀具相对运动关系及坐标系方向，编写程序时，采用（　）的原则编写程序。

a. 刀具固定不动，工件移动　b. 工件固定不动，刀具移动

c. 分析机床运动关系后再根据实际情况决定　d. a 或 b

四、简答题（每题 10 分，共 30 分）

1. 简述绝对坐标编程和增量坐标编程的区别。

2. 简述数控编程的步骤。

3. 什么是机床坐标系？什么是工件坐标系？

五、工艺题（每题 15 分，共 30 分）

1. 毛坯直径为 40 mm 试编制图示零件的数控车削加工程序。

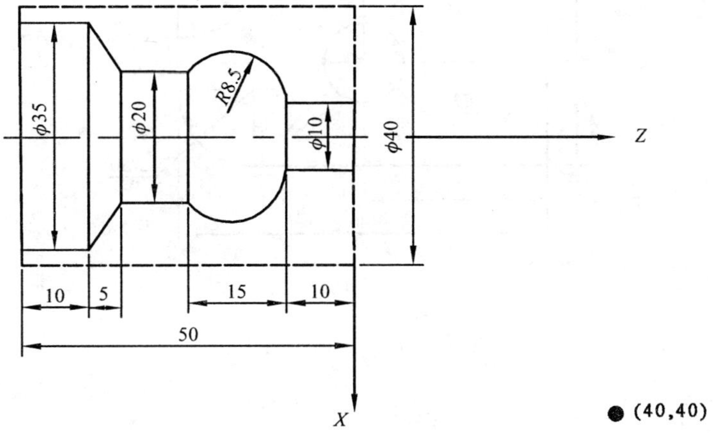

2. 编制图示零件的数控铣削加工程序（不考虑刀具直径）。

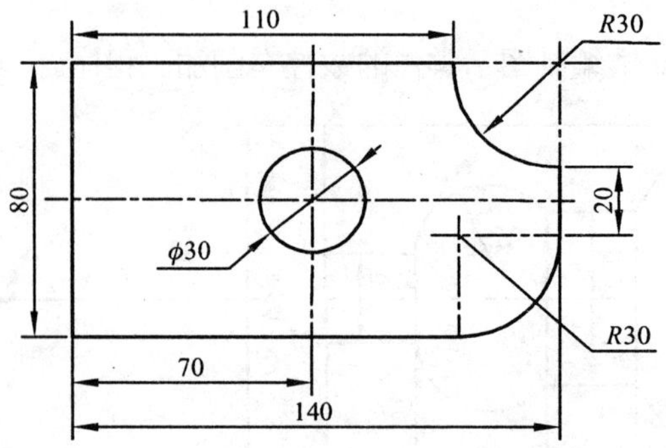

第八章　特种加工

评阅教师：______________ 成绩：______________ 评阅时间：______________

一、填空题（每空 1 分，共 30 分）

1. 特种加工是直接借助__________、__________、__________、__________、__________、化学能，以及特殊机械能等多种能量实现材料除去的工艺方法。

2. 电火花加工又称__________ 或电蚀加工，它是在加工过程中通过__________电极和__________电极间脉冲放电时的__________ 进行加工的一种工艺方法。

3. 电火花加工技术按工艺方法可分为__________、__________、__________、__________；其中应用最广的是__________、__________、__________。

4. 电火花线切割加工简称__________，是电火花加工的一个分支，它是利用__________与__________间脉冲放电的电腐蚀作用对工件进行加工的一种加工方法。

5. 根据电极丝的运行速度，电火花线切割机床通常分为__________和__________两大类。

6. 电火花线切割机床主要由__________、__________和__________三大部分组成。

7. 电极丝应具有良好的导电性和抗腐蚀性，常用的电极丝有__________、__________、__________和__________等。

8. 加工时，电极丝接脉冲电源__________，工件接__________。

二、判断题（正确在括号内划“√”，错误在括号内划“×”）（每题 1 分，共 10 分）

1. 特种加工是直接利用各种能量对材料进行加工，其加工原理相同于金属切削加工。（　　）

2. 在电火花加工中，工具材料的硬度可低于工件材料的硬度。 (　　)

3. 电解加工和电火花加工一样，必须在绝缘的工作液中进行。 (　　)

4. 在电火花线切割加工中，电极丝的直径大小是影响加工表面质量的重要因素之一。 (　　)

5. 超声波加工最适宜加工硬脆材料，特别是非金属硬脆材料，如玻璃、玛瑙、宝石等。 (　　)

6. 电火花加工中的放电，应具有放电间隙小、温度高、放电点电流密度大等特点。 (　　)

7. 电解加工中，工具电极制造复杂，使用消耗量也大。 (　　)

8. 激光焊接能焊接不同材料，如金属与非金属之间的焊接。 (　　)

9. 电火花线切割加工，不需要制造电极。 (　　)

10. 机械系统是数控线切割机床能加工各种曲线及型腔的核心。 (　　)

三、选择题（每题 2 分，共 16 分）

1. 我们在工程训练时所用的线切割机床是属于（　　）类电火花加工种类。

a. 成型穿孔加工　b. 磨削加工　c. 线电极加工　d. 展成加工

2. 实习中你使用（　　）格式进行数控线切割的手工编程。

a. 4B　b. 3B　c. ISO　d. EIA

3. 在 3B 程序格式中，指令 L3 所加工的直线处于（　　）象限。

a. 第一　b. 第二　c. 第三　d. 第四

4. 在数控线切割程序中，所使用的计量单位是（　　）。

a. m　b. cm　c. mm　d. μm

5. 线切割加工时，电极与工件的放电间隙一般为（　　）。

a. 1 mm　b. 0.01 mm　c. 0.1 mm　d. 10 mm

6. 数控柜中的（　　）是线切割机床能够进行加工的关键。

a. 数控系统　b. 脉冲电源　c. 步进电机　d. 操作面板

7. 用 CAXA 线切割编程加工的一般步骤是：绘图→轨迹生成→轨迹仿真→(　　)→传送 3B 代码。

a. 校验 B 代码　b. 生成 3B 代码　c. 生成 G 代码

8. 实习中线切割所用的 3B 代码指令格式，“BXBYBJGZ;”中 J 表示（　　）。

a. 记数长度　b. 记数方向　c. 加工指令　d. 间隔符号

四、简答题（每题 8 分，共 24 分）

1. 电火花加工与传统切削加工相比较，有哪些特点?

2. 电火花线切割加工时，工件装夹的注意事项有哪些？常用的工件装夹方式有哪几种？

3. 数控线切割程序编程的格式是什么？如何确定计算方向和计算长度？

五、工艺题（20 分）

自行设计一平面图案或几何图形（要求含圆弧线），并编制线切割加工程序。

第九章 铁艺制作

评阅教师：______________ 成绩：______________ 评阅时间：______________

一、填空题（每空 2 分，共 42 分）

1. 铁艺是用__________及__________材料制作的具有实用价值和观赏价值的产品的统称，被称为铁与火的艺术。

2. 铁艺制品按铁艺材料及加工方法不同可分为______________、______________、______________；按铁艺的用途不同可分为______________、______________、______________、______________。

3. 铁艺是一种综合了__________、__________、__________、______________等工艺特点的艺术性制作工艺。一般包括__________、__________、__________、__________、__________、__________、__________，以及__________等八道工序。

二、判断题（正确在括号内划“√”，错误在括号内划“×”）（每题 2 分，共 8 分）

1. 铁艺制品的生产灵活性大，既可采用较为先进的现代化设备，也可采用自制的简易设备，甚至手工操作进行加工。（ ）

2. 用金属材料制作的各种制品称为铁艺制品。（ ）

3. 铁艺家具制品是与木、石、玻璃、竹藤等相结合而成的。（ ）

4. 铁艺制品具有强度高和韧性好，便于运输、安装、使用较为方便等优点。（ ）

三、简答题（每题 8 分，共 32 分）

1. 锻造铁艺制品和铸造铁艺制品相比有哪些优点?

2. 简述铁艺制品的制作过程。

3. 简述铁艺制品质量的基本要求。

4. 实习铁艺制作时你使用的点焊机是什么型号的？属于哪类焊接？

四、工艺题（18分）

请设计一个平面铁花图形并简要叙述制作过程与要点。

第十章　综合创新训练

评阅教师：＿＿＿＿＿＿＿　成绩：＿＿＿＿＿＿＿　评阅时间：＿＿＿＿＿＿＿

一、训练目的

在完成单项工程训练内容的基础上，根据已经实习过的工种操作的要求，在指定的实习材料范围内，通过所掌握的操作技能（车削、铣削、线切割、钳工、焊接）等，自行设计、自行制作一个小的教学产品、工艺展示品或其他种类的作品，激发自身的创新能力，以达到全面了解和认识机械制造的全过程的目的。在充分调动积极性和提高动手能力的同时，增强工程意识和创新意识，同时也作为实习成绩的一个重要组成部分。

二、任务要求

1. 每 5～6 人一组（自由组合），每组设计制作一个具有使用功能的小产品，在制作加工过程中要求涉及三个以上工种并独立完成所有操作。制作的成品除了功能性良好以外，应具有艺术性和观赏性，制作中所用的设备结合实习中所使用的设备种类，材料成本参考教材第十三章第五节所述内容。

2. 在设计“产品”之前，应先写出市场需求情况说明（可以是虚拟的）。

3. 设计的产品图纸要规范、清楚、正确、完整，图纸应符合机械制图国家标准的要求。图纸要包括装配图和零件图。

4. 工艺卡片应填写车床加工零件的工序内容、工艺简图等内容，尺寸标注应规范、清楚、准确。

5. 涉及数控加工的工件要填写程序卡片，程序卡片需填写线切割零件的工艺简图和程序编制，图纸要求尺寸标注规范、清楚、准确。

6. 产品说明书，成本分析，图纸，工艺（数控程序卡片）等文件需加装封面后汇总，参与设计制作的每组同学应在封面上标明姓名和学号。

7. 文件资料的装订顺序按照封面（“产品”题目、小组成员、学号、班级）、“产品”说明书、“产品”图纸、加工工艺装订，除图纸外用 A4 纸打印。

三、考核办法

作为实习成绩的一个重要组成部分，综合训练的考核主要着重于训练过程的完整和资料的完善，尤其着重于综合创新训练的过程锻炼。考核的重点在设计、工艺、制作及相关文件资料的科学性、规范性和创新性上。所以应仔细思考，认真构思，画出清楚、正确的图纸，填写正确的加工工艺，在指定的设备上自行操作进行加工，合作完成产品制作的所有工序，从而达到综合训练的各项要求。

1. 综合创新训练总分 100 分。杜绝抄袭拷贝，否则视为不合格。

2. “产品”说明书，成本分析，图纸，工艺（数控程序卡片）及加工的“产品”须齐全。

（1）设计的“产品”图纸	10%
（2）“产品”的成本分析	20%
（3）加工的“产品”	50%
（4）“产品”的说明书	20%

四、总　结

综合创新训练的目的是强化认识实践内容，鼓励创新。因此，你的收获不仅仅是你所加工的“产品”和与之配套的方案、图样、工艺等。你在训练中碰到了很多问题，你的制作工艺可能和你的设计工艺不同，你最终的产品可能和你的预期“产品”不同，你克服了种种困难完成了这个“产品”。这充分锻炼了你的动手能力和综合创新能力，在此请以论文或总结的形式谈谈你对“产品”设计、制作的改进，对此创新训练的感受或对本课程的建议和意见。（不少于 800 字）